TABLE DES MATIERES

Introduction

Les maladies alimentaires ou « maladies de civilisation » :

- la candidose   -

- le syndrome de l'intestin irritable (SII)

- l'intolérance au gluten (maladie coeliaque)

Conclusions

à mon père,

aux générations futures et à tous les hommes de valeur

…

Introduction

Depuis une petite vingtaine d'années, un nombre sans cesse croissant de nouvelles maladies font leur apparition.

Microbes et bactéries deviennent de plus en plus résistants, à tel point que notre arsenal pharmaceutique sera sous peu totalement obsolète, bien avant la mise au point de nouveaux antibiotiques.

Face à ces deux phénomènes préoccupants, la médecine conventionnelle, l'allopathie, est de plus en plus démunie, pour ne pas dire totalement impuissante.

Est-ce la fatalité, ou autre chose ? Un mal sournois, invisible, dissimulé dans l'ensemble de ce qui fait notre quotidien à tous, et volontairement propagé par une industrie agro-alimentaire et une mafia pharmaceutique toujours avide de profits. Toujours plus, encore plus, et à la fin il ne restera plus rien, hormis une planète à l'agonie et des humains hagards qui subiront un monde dans lequel il ne maîtrise plus rien, excepté la télécommande d'un poste de télévision qui les conditionne chaque jour un peu plus à l'acceptation du désastre et de l'inacceptable.

Ce livre n'a pas pour vocation de faire le procès de qui que ce soit, il y en aurait trop à dire, trop de gens à pointer du doigt.

J'ambitionne simplement de pouvoir aider ceux qui sont encore capable de penser par eux-mêmes et qui sont suffisamment intelligent pour comprendre deux choses extrêmement simple :

1) l'industrialisation de l'alimentation est une abération, une abomination. Et le véritable but que poursuivent ceux qui en sont responsable ce n'est pas de nourrir toute la planète, puisqu'en ce moment nous produisons suffisamment pour nourrir 12 milliards d'individus, alors que nous ne sommes que 7 milliards et que malgré cette colossale surproduction il y a encore des millions de personnes qui meurent de faim dans le monde.

Non, le véritable but que poursuivent ces multinationales malsaines c'est uniquement celui du profit à l'extrême, et grâce à cela, le contrôle absolu sur tous les pays. Car celui qui contrôle l'alimentation contrôle le monde.

2) L'industrie pharmaceutique ne cherche pas à soigner les gens, mais au contraire à les rendre malade. Car un malade consomme des médicaments, alors que quelqu'un en bonne santé ne leur rapporte pas un rond.

Pour preuve, il n'y a strictement aucune mesure de prévention pour éviter aux gens de tomber malade. Hormis les vaccins, qui sont extrêmement rentable et encore plus dangereux que les maladies dont il sont censé nous immuniser.

Et si je dis « censé », c'est parce que dans la réalité, les vaccins n'immunisent de rien du tout.

Combien d'entre vous ont attrapé la grippe, par exemple, alors qu'ils se font vaccinés tous les ans ?

Alors la réponse des labos pharmaceutiques est la suivante : Un vaccin n'empêche pas d'attraper la maladie, mais limite son agressivité sur l'organisme.

Cette réponse bateau est consternante d'absurdité. Soit ça marche, soit ça ne marche pas.

Concernant la grippe justement, il faut savoir que le virus en lui-même ne tue personne, ce sont les complications liés à l'action du virus sur l'organisme qui peuvent vous tuer, particulièrement si vous êtes une personne à risque, et si vous avez le malheur de ne pas prendre d'antibiotiques à titre préventifs qui, justement, éviterons toutes complications pulmonaires ultérieur.

C'est justement pour cela qu'il y a encore des morts, parce que des personnes trop confiante au vaccin pensent que ça va passer tout seul puisque ce « super vaccin va limiter les effets du virus ». (dixit le toubib)

Le problème, c'est que lorsqu'ils s'aperçoivent que c'est des foutaises, et qu'ils se retrouvent à l'hôpital dans un état critique, il est souvent malheureusement trop tard. Pourquoi ? Pour la simple et bonne raison qu'il faut 48h au antibiotiques pour faire effet, et que selon le cas, le malade sera mort avant que les antibiotiques n'aient pu agir.

Quant aux cas de personne en parfaite santé qui sont également mort d'une simple grippe, le problème est une fois encore que dans ce cas-là, on ne leur a pas prescrit d'antibiotiques au bon moment, alors que la virulence du virus le justifiait. Parce que les antibiotiques c'est pas automatique (dixit la S.E.C.U et son déficit fictif)

Ah, économie quand tu nous tiens, la vie d'un homme ne vaut vraiment plus grand chose de nos jours. Même pas les 3€ d'une boîte de médicaments.

Petite parenthèse concernant le faux déficit de la SECU :

La sécurité sociale est un organisme de salubrité publique, financée par les impôts et les taxes des contribuables (chacun d'entre nous), et absolument aucun organisme public n'a été conçu pour générer des bénéfices.

Il est donc logique que la sécurité sociale soit en déficit puisque sa seule et unique vocation est de servir la population qui la finance.

Ainsi, chaque année le budget doit être revu à la hausse par le gouvernement qui collecte suffisamment d'impôts auprès des contribuables pour en assurer le bon fonctionnement.

De plus la population Française augmente chaque année. En à peine 10 ans, celle-ci est passée de 60 à 66 millions d'individus (source INSEE).

Il est donc logique que le budget soit plus important d'années en années.

Et à ce titre, il doit être réajusté tous les ans, en fonction de l'augmentation démographique de la population. Pas besoin d'être un génie pour comprendre ça.

Le problème c'est qu'actuellement nous somme dirigés par une bande d'incompétents narcissique qui se prennent pour des golden boys et jouent en bourse avec l'argent des français en s'imaginant que c'est le leur, et qu'ils peuvent en disposer comme bon leur semble, pour s'enrichir et faire amis-amis avec tous les escrocs du CAC40.

Le budget annuel de la France est de 1200 milliards d'euro par an, difficile de croire que ceux qui tiennent les comptes n'arrivent pas à trouver une petite centaine de millions pour financer les organismes dont ils ont pourtant obligation légale d'assurer le bon fonctionnement !

Au lieu de cela, ces messieurs et mesdames jettent allègrement l'argent par les fenêtres, dans des projets à la fois inutiles et pharaoniques (dont la plupart n'aboutissent d'ailleurs jamais), ou se permettent de claquer l'argent du contribuable pour leur plaisir personnel en balançant 19000 euros pour aller voir un match de foot.

Et ensuite ce sont ces mêmes irresponsables incompétents qui viennent nous faire la leçon et nous demande de nous serrer la ceinture à des crans impossible à atteindre.

De plus, pour discuter en urgence avec les gens, il existe deux outils absolument formidables, totalement gratuits et bien plus rapide qu'un Jet : Le téléphone ou les visioconférences via internet.

Mais fermons ici cette petite parenthèse pour revenir au véritable sujet de ce livre, et reprenons aux fameux moyens de prévention que nous propose l'industrie pharmaceutique au catalogue pourtant incroyablement fourni.

En dehors des vaccins, je n'en connais aucun.

Pourquoi, si ces gens se soucient réellement de la santé de leur prochain, n'ont-ils pas encore mis au point de traitements préventifs valable ?

Vu les milliards de bénéfices annuels engrangés par l'industrie pharmaceutique, ils devraient pourtant en avoir les moyens.

Force est de constater que ce n'est pas le cas, et que malgré l'échec retentissant des vaccins à jouer un rôle véritablement efficace en matière de prévention, l'industrie pharmaceutique persiste et signe en mettant chaque année sur le marché des vaccins aussi douteux qu'inefficace, et aux effets secondaires de plus en plus terrifiants.

Pire, malgré le constat de l'échec des médicaments face aux microbes et bactéries devenus aujourd'hui de plus en plus résistant et virulent, rien ne semble inciter cette industrie à modifier son comportement en développant des remèdes basés sur la prévention. Alors qu'il y a pourtant une réelle urgence.

Voici une liste non exhaustive, et toujours en constante augmentation, des microbes, virus et bactéries devenues en moins de 40 ans, presque totalement réfractaires aux traitements médicamenteux, d'après un rapport établi en juin 2000, soit plus de 15 ans, par l'institut Américain N.I.A.I.D (national institut of allergy and infectious diseases)

Des souches de staphylocoques dorés résistants à la methicilline et à d'autres antibiotiques sont endémiques dans les hôpitaux.

Des souches de staphylocoques dorés ayant une sensibilité réduite à la vancomycine sont apparues récemment au Japon et aux Etats-Unis.

Des souches résistantes à la vancomycine poseraient un grave problème aux médecins et aux malades.

Une dépendance croissante envers la vancomycine a entrainé l'apparition d'entérocoques résistant à la vancomycine. Ces bactéries infectent les blessures, les voies urinaires et d'autres sites. En 1993, plus de 10 % des infections à entérocoques acquises en milieu hospitalier étaient résistantes aux antibiotiques.

Aux Etats-Unis, les streptocoques pneumoniques sont à l'origine chaque année de millions de cas de méningites et de pneumonie, ainsi que de 7 millions de cas d'infection de l'oreille.

Actuellement, environ 30 % des isolats de streptocoques pneumoniques sont résistants à la pénicilline, le médicament essentiellement utilise pour traiter cette infection.

De nombreuses souches résistantes à la pénicilline sont aussi résistantes à d'autres médicaments.

Dans les centres de consultation antimicrobiens pour les maladies sexuellement transmissibles, qui recensent les cas d'infections résistantes aux médicaments, les médecins ont constaté que plus de 30 % des isolats de blennorragie sont résistants à la pénicilline ou à la tétracycline, ou aux deux.

On estime que 300 ou 500 millions de personnes dans le monde sont infectées par les parasites qui causent le paludisme. La chloroquine était un médicament extrêmement employé et particulièrement efficace pour la prévention et le traitement du paludisme.

La résistance à la chloroquine est apparue dans la plupart des régions du monde.

La résistance à d'autres médicaments antipaludiques est désormais courante et continue de se développer.

Des souches de bacilles tuberculeux résistantes a un grand nombre de médicaments sont apparues au cours de la décennie écoulée et représentent un danger particulier pour les gens infectes par le HIV.

Les souches résistantes aux médicaments sont aussi contagieuses que les autres. La tuberculose à souches multi-résistantes est plus difficile à traiter.

Les maladies diarrhéiques causent près de 3 millions de morts par an, essentiellement dans les pays en développement ou apparaissent des souches résistantes de bactéries extrêmement pathogènes, comme *Shigella dysenteria*, *Campylobacter*, le vibrion cholérique, *E coli*, et *Salmonella*.

Un "super microbe" potentiellement dangereux, *Salmonella typhimurium*, résistant à l'ampicilline, à la streptomycine, à la tétracycline, au sulfa et au chloramphenicol, a provoqué des maladies en Europe, au Canada et aux Etats-Unis.

Scientifiques et médecins se demandent avec inquiétude si l'utilisation croissante de médicaments antifongiques ne va pas conduire à l'apparition de champignons résistants.

Des études récentes ont rapporté la résistance de certaines espèces de *Candida* au Fluconazole, un médicament largement employé pour traiter les maladies fongiques systémiques.

Au cours de ces dernières années ont été introduits de nouveaux et puissants médicaments contre le HIV.

Malgré leur efficacité, les résultats de récentes études cliniques tendent à montrer que les nombreux échecs enregistrés sont dus à l'apparition de virus résistants.

Plus récemment, voici un compte rendu daté du 30 avril 2014, du premier rapport de l'OMS portant sur la résistance aux antimicrobiens, dont la résistance aux antibiotiques, à l'échelle mondiale et qui révèle que cette grave menace n'est plus une prévision, mais bien une réalité dans chaque région du monde, et que tout un chacun, quel que soit son âge et son pays, peut être touché. La résistance aux antibiotiques, est désormais une grave menace pour la santé publique.

«À moins que les nombreux acteurs concernés agissent d'urgence, de manière coordonnée, le monde s'achemine vers une ère postantibiotiques, où des infections courantes et des blessures mineures qui ont été soignées depuis des décennies pourraient à nouveau tuer», déclare le Dr Keiji Fukuda, Sous-Directeur général de l'OMS pour la sécurité sanitaire.

«L'efficacité des antibiotiques est l'un des piliers de notre santé, nous permettant de vivre plus longtemps, en meilleure santé, et de bénéficier de la médecine moderne. Si nous ne prenons pas des mesures significatives pour mieux prévenir les infections mais aussi pour modifier la façon dont nous produisons, prescrivons et utilisons les antibiotiques, nous allons perdre petit à petit ces biens pour la santé publique mondiale et les conséquences seront dévastatrices.»

Principales conclusions

Le rapport, intitulé *Antimicrobial resistance: global report on surveillance* (Résistance aux antimicrobiens: rapport mondial sur la surveillance), note que la résistance se rencontre pour de nombreux agents infectieux très divers, mais choisit de mettre l'accent sur la résistance aux antibiotiques de sept bactéries différentes, responsables de maladies graves courantes telles que les infections hématologiques (septicémie), les diarrhées, les pneumonies, les infections des voies urinaires et la gonorrhée.

Les résultats sont très préoccupants, témoignant de la résistance aux antibiotiques, en particulier aux antibiotiques «de dernier recours», dans toutes les régions du monde.

Les principales conclusions du rapport sont notamment les suivantes:

La résistance au traitement de dernier recours contre les infections potentiellement mortelles causées par une bactérie intestinale courante, *Klebsiella pneumoniae*, – les carbapénèmes – s'est propagée à toutes les régions du monde. *Klebsiella pneumoniae*, est une cause majeure d'infections nosocomiales telles que la pneumonie, les infections hématologiques ou les infections contractées par les nouveau-nés et les patients des unités de soins intensifs. Dans certains pays, du fait de la résistance, les carbapénèmes sont inefficaces chez plus de la moitié des patients traités pour des infections à *Klebsiella pneumoniae*.

La résistance à l'un des médicaments antibactériens les plus largement utilisés pour le traitement des infections des voies urinaires dues à *E. coli*, – les fluoroquinolones – est très largement répandue. Dans les années 1980, lorsque ces médicaments ont été introduits pour la première fois, la résistance était quasiment nulle. Aujourd'hui, dans certains pays de nombreuses parties du monde, le traitement est désormais inefficace pour plus de la moitié des patients.

L'échec du traitement de dernier recours contre la gonorrhée – les céphalosporines de troisième génération – a été confirmé en Afrique du Sud, en Australie, en Autriche, au Canada, en France, au Japon, en Norvège, au Royaume-Uni, en Slovénie et en Suède. On estime à 106 millions le nombre de personnes infectées par le gonocoque chaque année (estimation de 2008).

Du fait de la résistance aux antimicrobiens, les patients sont malades plus longtemps et le risque de décès augmente. On estime par exemple que chez les personnes atteintes du *Staphylococcus aureus* résistant à la méthicilline (SARM), le risque de décès est supérieur de 64% comparé au risque pour les personnes atteintes d'une forme non résistante de l'infection. La résistance augmente également le coût des soins du fait de la prolongation des séjours à l'hôpital et des soins plus intensifs requis.

L'OMS appelle aussi l'attention de tous sur la nécessité de mettre au point de nouveaux produits diagnostiques, de nouveaux antibiotiques et d'autres outils pour permettre aux professionnels de la santé de garder leur avance sur la progression des résistances.

Voici également un compte rendu de novembre 2014 de l'InVS (institut de veille sanitaire) et de l'ANSM (agence nationale de sécurité du médicament et des produits de santé) :

« En France, la consommation des antibiotiques est en hausse depuis 2010 et la résistance aux antibiotiques progresse notamment chez les entérobactéries avec l'émergence de la résistance aux carbapénèmes, antibiotiques de dernier recours à l'hôpital. Tels sont les principaux résultats que l'InVS (Institut de veille sanitaire) et l'ANSM (Agence nationale de sécurité du médicament et des produits de santé) identifient dans le rapport publié à l'occasion de la journée européenne d'information sur les antibiotiques le 18 novembre 2014.

L'utilisation massive et répétée d'antibiotiques génère au fil du temps l'apparition et la diffusion de résistances bactériennes qui menace l'efficacité des traitements. Pour contribuer à alerter les professionnels et le grand public à la nécessité d'un meilleur usage des antibiotiques, l'InVS et l'ANSM publient ce jour des données sur la résistance bactérienne et la consommation d'antibiotiques sur une période de dix ans (2003-2013). Rassemblées pour la première fois en France dans un même document, ces données sont issues du secteur hospitalier et de ville.

Consommation d'antibiotiques en hausse depuis 2010

Une hausse de la consommation d'antibiotiques, constatée depuis trois ans, est confirmée notamment en ville. Cette tendance à la hausse concerne particulièrement les pénicillines qui constituent la classe d'antibiotiques la plus largement utilisée. L'association de l'amoxicilline à l'acide clavulanique est à ce jour l'antibiotique le plus prescrit dans les établissements de santé. La consommation des céphalosporines (3e et 4e générations) et des carbapénèmes progressent également de manière importante à l'hôpital.

Evolutions des résistances aux antibiotiques :

L'utilisation importante et répétée dans le temps des antibiotiques génère une augmentation des résistances bactériennes. Une vigilance renforcée est nécessaire pour les entérobactéries. Cette famille réunit un grand nombre de bactéries résidant principalement dans le tube digestif, notamment *E. coli*, responsable de la plus fréquente des infections à l'hôpital comme en ville. L'émergence de résistances bactériennes dirigées contre les carbapénèmes, des antibiotiques dits de « dernier recours », est particulièrement préoccupante. »

Par ailleurs, il faut également inclure dans l'équation l'immense part de responsabilité de l'industrie agro-alimentaire dans ce phénomène sans cesse croissant de la résistance microbienne aux antibiotiques.

Les élevages intensifs, de bovins, volaille ou autre, ont conduit les éleveurs à utiliser de plus en plus d'antibiotiques pour garantir la survie de leurs animaux jusqu'à l'abattage, ou plutôt devrais-je dire le jour de délivrance de ces pauvres animaux, élevés dans des conditions si honteuses qu'elles devraient être interdites.

Comment une civilisation qui se prétend évolué peut-elle autorisé de tels procédés d'élevage. S'il s'agissait de nécessité, de survie …

Même pas, c'est uniquement pour le profit d'une bande d'ordures sans morale ni scrupules.

Ces mêmes crapules qui surproduisent pour 12 milliards d'individus (alors que moins de la moitié profite de cette production ignoble) tout en vous faisant croire que nous allons bientôt manquer de viande et qu'il va nous falloir bientôt nous mettre à consommer des insectes. Il faut dire que le coût de production de ce type de nourriture immonde multiplierai de façon exponentielle leurs profits déjà pourtant faramineux.

Et après, la prochaine étape, ce sera quoi ? Manger nos

propres excréments ! Ou les cadavres de nos congénères ! Pour de prétendues question de survie fictives.

Il est des choses que l'on ne doit jamais accepter. JAMAIS ! Même si l'on doit en mourir.

Des choses que même les animaux ne font pas, malgré un instinct de survie surdéveloppé qui cependant les empêche de dépasser des limites dont ils savent inconsciemment que ce qui en découlerait serait ensuite pour eux bien pire que la mort.

Le cynisme et l'aplomb avec lesquels ces ignobles personnages nous mentent et nous endorment en permanence à coups de beaux discours, de manipulation médiatique et de chiffres erronés, fait véritablement froid dans le dos.

Et que dire de l'industrie pharmaceutique, qui rend tout cela possible et réalise des milliards de profit en vendant ces médicaments aux éleveurs.

Mais ce qu'il faut savoir, c'est que les médicaments consommés par les animaux sont strictement les mêmes que ceux qui sont destinés à l'homme.

Voici comment se produit et se propage la résistance aux antibiotiques qui, ajouté à l'affaiblissement du système immunitaire de l'homme également programmé par les « efforts » conjoints des industries agro-alimentaire et pharmaceutique, seront bientôt les cause de crises épidémiologique comme il ne s'en est encore jamais produite dans l'histoire de l'humanité.

Dans un élevage industriel de volaille, bovin ou porc, des centaines d'animaux sont parqués ou plus exactement entassés les uns contre les autres dans des locaux à l'intérieur desquels cette surpopulation animale ne peut faire que 2 choses : manger et faire ses besoins.

Cette proximité des animaux entre eux et avec leurs excréments, génère très vite de nombreuses maladies et parasites divers, et afin d'assurer la survie de ces pauvres bêtes, les crapules sans morale ni honneur qui tiennent ces centres ignoble (en osant se faire appeler « éleveurs »), les gavent d'antibiotique en permanence, faute de quoi ce serait l'hécatombe en moins d'une semaine.

Et c'est véritablement là, dans ces élevages industriels, que se trouve le véritable problème de la résistance microbienne aux antibiotiques. Car les doses d'antibiotiques administrées aux animaux sont insuffisantes pour éradiquer les maladies qui infestent ceux-ci. Elles sont juste destinées à leur permettre de survivre suffisamment longtemps pour arriver au poids fatidique qui les conduira à l'abattoir.

En effet, une trop forte dose d'antibiotique pourrait rendre la viande impropre à la consommation.

De plus, le traitement serait inefficace dans la durée, dans la mesure où l'animal restera exposé aux mêmes agents pathogènes en permanence et donc, contractera inévitablement à nouveau les mêmes maladies.

L'élevage intensif crée un cercle vicieux qui conduira inéluctablement à la mort de l'animal par la maladie dans un temps donné, relativement court, ce qui oblige ces « éleveurs » à donner une « nourriture » adapté, contenant de nombreux produits chimiques, hormones et autres farines animales, afin d'augmenter la rapidité de la croissance des animaux et que ceux-ci puissent être conduit à l'abattoir avant de mourir des maladies qui l'infestent depuis sa naissance.

Ainsi, non seulement les industriels augmentent leur production, en augmentant chimiquement la rapidité de croissance des animaux, et donc leur poids, tout en multipliant par la même occasion le nombre d'animaux produits, grâce à l'action des antibiotiques, qui permettent que ce genre d'élevage inhumain puisse exister.

Le seul bémol, et il est de taille, c'est que tous les animaux issus des élevages intensifs sont malades au moment de leur abattage, et donc porteurs de germes microbiens résistant, résultant du mode d'utilisation intensive et non protocolaire des antibiotiques.

Et si vous voulez avoir confirmation par vous-même de cette évidence, il n'y a rien de plus simple. Prenez n'importe quelle notice d'utilisation d'un de vos antibiotiques et lisez-la.

Absolument toutes les notices indiquent qu'un usage inadapté aura pour conséquence une reprise de l'infection avec risque de résistance microbienne.

Et que se passe-t-il lorsqu'un homme contracte une bactérie résistante au antibiotique, transmise lors de l'ingestion d'une viande qui par malheur n'a pas été assez cuite ?

La réponse est simple, il a 90 % de chances de mourir, et 100 % de chance d'en garder des séquelles à vie.

(à ce sujet, soyez particulièrement vigilant lorsque vous consommez des abats, des steaks hachés ou autre saucisses)

Ainsi, en plus d'être une abomination, l'ensemble des élevages intensifs, de quelque nature qu'ils soient, représentent un réel danger pour la santé publique. Et à grande échelle, puisque ces industries agro-alimentaire distribuent allègrement leur poison dans le monde entier.

Prenez les productions laitières industrielles, la totalité des vaches de ce type d'élevage sont atteinte de leucémie.

Ou encore le blé, qui a été génétiquement modifié pour augmenter sa teneur en gluten. Ce qui lui donne plus de goût et de facilité à être travaillé en augmentant son moelleux.

Cette augmentation du gluten, et donc du goût, permet de pouvoir diluer le produit fini, c'est à dire la farine.

Ainsi, pour obtenir le même goût il faut moins de farine et donc, les industriels ajoutent des produits chimiques servant également de conservateur et d'insecticide à celle-ci.

Ils augmentent ainsi leurs rendements, et donc leurs profits, puisque le coût de ces produits chimiques ajoutés est dérisoire, tout en produisant une farine qui peut se conserver plus longtemps et rester à l'abri des insectes.

Et cette modification se déroulant en amont, c'est à dire au moment de la production, celle-ci n'est pas mentionné sur les paquets de farine de blé que nous achetons tous dans les magasins, ni sur votre baguette de pain ou vos petits gâteaux préférés.

Quelle merveilleuse législation que la nôtre, tellement soucieuse du bonheur financier de ces milliardaires véreux qui nous empoisonnent tous à petit feu, sans le moindre scrupule, pas même pour les enfants dont l'absorption de leurs poisons alimentaires détruit irrémédiablement la vie dès leur plus jeune âge.

Et ce ne sont que deux exemples de plus parmi tant d'autre.

En fait, tout mode de production intensif représente un danger pour la santé publique, avec l'apparition et la multiplication exponentielle de nouvelles maladies digestives dites « de civilisation » depuis ces 20 dernières années.

Parmi ces nouvelles maladie, il en existe trois qui sont particulièrement préoccupantes : la candidose chronique, le syndrome de l'intestin irritable (SII), et la maladie cœliaque (intolérance au gluten).

Leur action sur l'organisme, très lente et insidieuse, engendre dans leur sillage une multitude d'autres maladies et une grave défaillance de notre système immunitaire, qui nous rend extrêmement vulnérable à des maladies bégnines, dont les traitements s'avèrent de plus en plus long et intensifs.

Par ailleurs ces nouvelles maladies touchent une population de plus en plus jeunes, puisque victime dès leur naissance de ce fléau sournois qu'est l'alimentation industrielle.

Et pour couronner le tout, comme si ce n'était pas déjà largement suffisant, l'ensemble des produits alimentaire industriels (viandes, fruits, légumes) sont totalement dénaturés : absence ou carence importantes de la totalité des nutriments essentiels pour l'homme (vitamines, minéraux, acides aminés, ..), et forte présence de produits chimiques, de métaux lourds, de radicaux libres, ... la liste est longue.

Et ce sont justement ces carences et l'apparition de ces

nouvelles maladies qui me conduisent à évoquer dans ce livre ces fameux moyens de préventions et de protection, qui éviteraient à bon nombre d'entre nous de tomber malade, et permettrait à tous de pouvoir faire face aux maladies, quelles qu'elles soient.

Car ces moyens existent, et le plus beau, c'est qu'ils sont 100 % naturels.

Mais alors pourquoi ne sont-ils pas utilisés, et pourquoi ne sommes-nous même pas informés ?

Posez donc la question aux lobbies pharmaceutiques et aux politiciens, tellement à leur bottes qu'ils vous privent même de votre liberté fondamentale de choisir vos médicaments.

Mais comme je l'ai déjà dit, je ne suis pas là pour faire le procès de quiconque. Simplement pour informer ceux et celles qui désirent comprendre les raisons de certains maux qui leur pourrissent littéralement la vie au quotidien depuis des mois et parfois même des années, et sont désireux de savoir quelles sont les véritables solutions pour se sortir d'une spirale infernale qui, au final, met tout simplement leur vie en danger.

Ainsi, il convient de connaître toutes les informations importante et essentielles au sujet de ces nouvelles « maladies de civilisation », qui ne sont ni plus ni moins que des maladies alimentaires.

LES NOUVELLES « MALADIES DE CIVILISATION »

LA CANDIDOSE CHRONIQUE

Le corps médical connaît mal cette affection due à la prolifération excessive du candida albican dans l'intestin.

Cette maladie est donc rarement diagnostiquée alors qu'elle est pourtant largement répandue. Aux États-Unis, où la maladie est officiellement identifiée, on estime que 80 millions de personnes seraient atteintes par cette affection chronique dont les causes sont attribuées à l'effet combiné de certains médicaments (antibiotiques, corticoïdes, pilule contraceptive…) et d'une alimentation trop riche en sucres raffinés.

Parmi les nombreux microbes qui habitent normalement dans notre corps, il existe un champignon microscopique commun, le candida albicans, qui réside naturellement dans notre intestin où il joue un rôle important.

Sa principale fonction étant de recycler les débris organiques et aucun symptôme n'est lié à sa présence.

Mais, pour différentes raisons, ce champignon peut se développer de façon excessive et engendrer divers symptômes qui constituent le syndrome de candidose chronique.

Le développement du candida albicans est, le plus souvent, la conséquence de l'usage répétitif d'antibiotiques qui détruisent la flore intestinale microbienne dont l'une des fonctions est justement d'empêcher la multiplication excessive des champignons avec qui elle cohabite.

L'usage de corticoïdes, la prise de la pilule contraceptive ou encore une chimiothérapie, peuvent également être à l'origine d'une multiplication excessive du candida albican.

Mais une autre cause est également à l'origine du développement excessif du Candida dans l'intestin, une cause beaucoup plus inattendue et surprenante, puisqu'elle découle simplement de notre mode d'alimentation.

Ainsi une alimentation trop riche en sucres rapides et raffinés peut, tout autant que les antibiotiques, déclencher une candidose intestinale.

Lorsque les conditions sont propices, le Candida prolifère. Il peut ainsi passer de sa forme unicellulaire (levure) à une forme multicellulaire de type mycélium. Il devient alors une moisissure capable de traverser les parois intestinales grâce à de longs filaments qu'il développe (sorte de racines) et pénètre ainsi dans le système sanguin et lymphatique.
Une masse de symptômes, apparemment non reliés, apparaissent ensuite.

Dans un premier temps, le candida se multiplie et perturbe l'équilibre de la flore intestinale en détruisant les bifidobactéries.
Il devient ainsi responsable d'indigestion, de mauvaise haleine, de gaz, de ballonnements, de diarrhée, de spasmes intestinaux, de démangeaisons anales.
Ensuite il migre et se développe dans les muqueuses où il est responsable d'inflammation de la bouche, de la gorge, des yeux, du vagin, du nez, des voies urinaires, des ongles et de la peau (eczéma, psoriasis et acné).

Il peut également se transformer en une forme mycélienne agressive, capable de pénétrer les muqueuses gastro-intestinales, jusqu'aux vaisseaux sanguins et lymphatiques.

Le Candida augmente la perméabilité de la muqueuse intestinale, qui va alors se laisser traverser par des protéines alimentaires non digérées qui pénètrent dans les vaisseaux sanguins et lymphatiques, provoquant des allergies alimentaires ou des intolérances.

De la même manière, les toxines intestinales et les toxines sécrétées par les candidas peuvent également entrer dans le flux circulatoire et être responsable d'auto-intoxication.

Le candida sécrète 79 toxines connues. Celles-ci perturbent même le fonctionnement cérébral. À partir des molécules d'alcool issues du sucre, le candida fabrique de l'acétaldehyde, qui réagit sur un neurotransmetteur cérébral, la dopamine, et provoque des symptômes nerveux de type émotionnel tels que dépression, anxiété, peur, irritabilité, humeur changeante, faiblesse de la mémoire, manque de concentration.

Ces toxines perturbent également le système immunitaire et des anticorps sont secrétés pour lutter contre celles-ci, mais le système immunitaire étant peu à peu débordé il se produit alors une sécrétion accrue d'histamine. L'apparition d'aldéhydes peut être responsable d'une baisse des lymphocytes T qui sensibilise le sujet aux infections en perturbant la réponse de son système immunitaire.

Ces toxines perturbent également tous les autres systèmes de l'organisme, en particulier les articulations et les muscles. La fatigue devient habituelle.

Le candida perturbe aussi les fonctions hormonales par l'action de leurs récepteurs membranaires qui fixent les hormones. Ainsi, les candidas fixent la progestérone, ce qui peut provoquer un certain nombre de symptômes liés a un excès de folliculine car les récepteurs antigéniques des candidas albicans imitent la configuration des hormones sexuelles.

Les candidas stimulent aussi les processus auto-immuns, d'où l'arrivée nouvelle de maladies dites auto-immune, en suscitant la formation d'auto-anticorps contre les hormones et les ovaires et perturbent la synthèse des prostaglandines à partir des acides gras.

(N.B : l'organisme ne peut éliminer l'acétaldehyde, il s'accumule. Mais il peut être converti en acide acétique, qui lui peut s'éliminer, en présence de Molybdène. Un complément en Molybdène doit donc être pris à hauteur de 100 mcg 3fois par jour.)

Quels sont les symptômes de la candidose :

- Dérèglement du système digestif :
indigestion, gaz, ballonnements, diarrhées, constipations, démangeaisons anales, sensation d'être rassasie et/ou ventre gonflé dès les premières bouchées, douleurs abdominales, allergies digestives: surtout brûlures de l'oesophage et estomac,...

- Dérèglement du système hormonal :
absence de désir sexuel, syndromes prémenstruels importants, infertilité, règles irrégulières, hypothyroïdisme, hypoglycémie,...

- Dérèglement du système nerveux :
dépression, mémoire déficiente et difficultés de concentration, anxiété, faiblesse et léthargie chronique, changements d'humeur, maux de tête, étourdissement,...

- Dérèglement du système circulatoire :
basse température corporelle, mains et pieds froids, palpitations cardiaques, bouffée de chaleur, anémie,...

- Problèmes respiratoires :
coryza spasmodique, rhinite (nez qui coule), sinusite, toux spasmodique, bronchite chronique, asthme, respiration difficile, sensation de serrement dans la poitrine,...

- Problèmes de peau :
eczémas secs, psoriasis, urticaires aigus ou chroniques, prurit sans lésion, acné rosacée, muguet, pied d'athlète, pellicules, démangeaisons anales, infections a champignons sous les ongles, pâleur, irritation du pénis chez les hommes, infections vaginales chez les femmes,..

- Allergies en tout genre (apparition de nouvelles ou aggravation soudaine de symptômes allergiques déjà connus):
intolérance a certains aliments et/ou odeurs, allergies solaires, à la laine, au coton …

- Divers :
dérangements nutritionnels accrus, fatigue chronique (surtout le matin au réveil ou après les repas), problème de sommeil, fringales de sucre, déficiences en acides gras, déficiences en vitamines et minéraux, douleurs musculaires et articulaires, infections répétées d'herpès, prise de poids et/ou rétention d'eau, troubles visuels et sensibilité a la lumière, sensations de vertiges, oedème des paupières, bouche ou gorge sèche, hémorroïdes, infections ou douleurs aux oreilles...

Comment établir un diagnostic :
Il existe une batterie de tests que votre médecin pourra faire effectuer pour confirmer une candidose, mais aucun n'est réellement fiable a 100%.
En effet, la présence naturelle des candidas dans l'organisme peut induire des résultats appelés faux-négatif.

L'ampleur réelle de cette maladie insidieuse n'a été surtout reconnue qu'aux Etats-Unis où, selon les études épidémiologiques les plus récentes, on estime qu'environ

80 millions d'Américains souffrent de candidose chronique.

En France, il n'existe aucune étude officielle qui permette de mesurer réellement l'incidence de la maladie, mais on estime aujourd'hui qu'un tiers de la population française souffre, d'une manière ou d'une autre, de candidose chronique.

Comme vous pouvez le constater, une candidose se trouve à l'origine de nombreux troubles physiques et même psychiques, aussi variés qu'inattendus, et au sujet desquels il est souvent extrêmement difficile de pouvoir supposer qu'elle puisse en être à la fois l'élément déclencheur et aggravant.

Le plus gros du problème restant qu'il n'y a malheureusement pas de tests 100 % fiables permettant le diagnostic d'une candidose chronique.

La coproculture (recherche du champignon dans les selles), par exemple, peut apporter une confirmation, mais tout aussi bien rester négative alors que vous êtes pourtant bel et bien infecté. Le fameux faux-négatif.

Par ailleurs, même en cas de diagnostique positif, aucune antibiothérapie ne sera efficace sur le long terme, puisque le candida fait partie intégrante de notre organisme, et à ce titre on ne peut donc pas l'éradiquer totalement, comme on le ferait pour un microbe ou un virus.

Pourtant, il existe de vraies solutions, à la fois simple, mais extrêmement contraignante.

Et donc, dans la mesure où aucun diagnostic fiable n'est possible, il faut dans un premier temps agir comme on le ferait de manière préventive, lorsqu'on risque d'être exposé à un agent pathogène.

Tout d'abord, il faut parfois avoir recours à une brève antibiothérapie pour « nettoyer » le terrain.

Et oui, pour ceux que mon conseil d'utiliser des antibiotiques conventionnels va surprendre, sachez que je ne suis pas sectaire, et à ce titre je considère qu'il faut utiliser tous les moyens dont on dispose pour vaincre une maladie, à condition de le faire à bon escient et intelligemment. C'est l'acharnement dans l'erreur qui constitue le pire des dangers pour l'homme.

Utiliser cet antibiotique, en général un antifongique, pendant quelques jours seulement. Une semaine me semble suffisant, mais cela peut aller jusqu'à 10 jours, votre médecins vous le dira.

Par ailleurs, et ce conseil est valable pour la totalité des antibiotiques vendus sur terre, surtout n'utilisez pas de médicaments générique. Ils sont au mieux inefficaces, au pire dangereux. Quant au baratin que vous débite par cœur votre pharmacien, qui la plupart du temps ni connaît rien, sachez que la seule est unique raison qui le pousse à vouloir vous fourguer à tout prix un générique plutôt qu'un original, c'est tout simplement parce que sa marge bénéficiaire est plus importante sur le générique.

Et le faux argument du prix n'est qu'un mensonge de plus, car la réalité est tout autre. En voici la preuve !

Prenons un antibiotique connu et couramment utilisé comme le Clamoxyl, dont le prix de vente est de 2,78€ pour une boite de 6 comprimés dosés à 1 gramme et son générique français, pour la même boîte de 6 comprimés dosés à 1 gramme, l'Amoxiciline Biogarant, vendu également à ... 2,78€ !! Exactement le même prix pour une qualité inférieure !

Et donc, puisque le prix est identique, force est de constater que l'histoire à dormir debout chanter sur tous les tons dans les médias et par les pouvoirs publiques pour nous inciter à consommer des génériques pour réduire le déficit de la sécu ne tiens pas la route.

Mais alors, si ce motif est fallacieux, pourquoi donc mettre sur le marché ces fameux médicaments génériques ? La réponse est malheureusement invariablement la même : Le profit. Encore et toujours.

Sachant que le coût de production de ce générique est très nettement inférieur à l'original, et que même s'il est impossible d'avoir les chiffres réels on peut estimer sans se tromper qu'il est d'au moins 50 % inférieur au médicament original, ce qui permet à tout le monde d'augmenter ses marges.

À commencer par le pharmacien, interlocuteur privilégier, et dont la mission n'est pas de vendre, mais littéralement de « fourguer » massivement ce nouveau produit extrêmement rentable.

Et pour cela, les pouvoir publiques lui donne tous pouvoir, puisqu'un simple pharmacien, dont la plupart n'ont strictement aucune connaissance médicale, peut refuser de vous délivrer le médicament dont le nom est pourtant inscrit sur l'ordonnance par votre médecin, et vous refiler à la place, d'office, son générique. Et en plus, même pas le générique de votre choix, puisque là encore il y en a de moins mauvais que d'autres, mais bel et bien celui qu'il aura envie de vous refiler, en fonction des marges qu'il aura négocié avec ses fournisseurs.

Ces méthodes constituent pourtant deux infractions majeure à la loi, puisqu'il s'agit non seulement de vente forcée, mais également d'atteinte à la liberté individuelle. Ainsi aujourd'hui, en France, un citoyen peut être privé de ses droits constitutionnels fondamentaux sans que personne ne s'en offusque le moins du monde.

Il faut cependant savoir que la directive adressée par le gouvernement aux pharmaciens, et qu'ils n'hésitent pas à vous mettre parfois sous le nez pour se justifier, n'a aucune valeur légale puisqu'elle est contraire à la loi.

Si vous saisissez la justice vous aurez automatiquement raison. D'ailleurs ce ne serait pas la première fois qu'un organisme d'état serait condamné par les tribunaux. Mais la procédure est longue et un malade n'a pas vraiment de temps à perdre pour se soigner.

Mais cela démontre une fois de plus, comment l'appât du gain pousse un pharmacien, prétendument bienveillant, à refiler à tous ses clients des médicaments générique dont il ne peut pourtant ignorer le fait qu'ils sont aussi cher que les originaux, et les dangers qu'ils représentent pour la santé publique.

Car, un médicament insuffisamment efficace contribue également à amplifier le phénomène de résistance microbienne, tout autant que le reste, si ce n'est plus.

Et si l'on compare la courbe d'amplification de résistance microbienne avec celle de l'augmentation d'utilisation de ces médicaments génériques, on s'apercevra alors que ces deux courbes concordent.

Par ailleurs, il est un autre constat intéressant à faire, qui est celui de l'absence de prix sur les nouvelles boîtes des médicaments remboursés par la sécu.

Le pharmacien la scanne grâce aux nouveaux flashs code apposé sur la boîte, mais celle-ci est vierge de toute mention écrite de prix.

Ainsi, il devient beaucoup plus compliqué de mettre votre pharmacien face à l'absurdité de son argumentaire en lui agitant sous le nez la preuve de la similitude du prix. (il s'avère même que dans certains cas les génériques soient plus chers que les originaux)

Mais je vais fermer cette petite parenthèse au sujet des antibiotiques et revenir au traitement de la candidose.

Donc, après avoir nettoyé le terrain avec une prise d'antibiotique, il faut immédiatement prendre le relais avec des compléments alimentaires naturels dont l'action contre la candidose a été démontrée.

Mais il faut également mettre en place, dès le début du traitement, un régime alimentaire anti-candida

En effet, pour obtenir un résultat durable, il est indispensable d'associer des mesures hygiénodiététiques à un traitement naturel suffisamment long pour venir à bout du déséquilibre de notre flore intestinale.

J'insiste particulièrement sur le fait que tout traitement des candidoses doit être poursuivi fidèlement pendant plusieurs mois pour obtenir des résultats durables.

L'alimentation surtout, une fois corrigée, ne doit pas à nouveau se dégrader et revenir aux anciennes habitudes d'excès de sucres sous peine de rechutes.

Voici la marche à suivre concernant votre régime alimentaire :

- Éliminer les sucres raffinés qui favorisent la croissance des champignons.

- Éviter les aliments ayant une teneur importante en levure ou en moisissures comme le pain et les fromages fermentés, les boissons alcoolisées, les fruits secs, les cacahuètes.

- Éviter les produits laitiers car ils sont riches en lactose qui est le sucre du lait. (la totalité des laitages d'animaux sont d'ailleurs toxique pour l'organisme)

- Ajouter de l'ail dans sa nourriture aussi souvent que possible, car il présente une activité anti-candida importante.

Attention cependant, car si vous avez développé le syndrome de l'intestin irritable (SII), l'ail est alors contre-indiqué.

Voici la liste des compléments alimentaires efficaces contre la candidose :

- L'acide caprylique (recommandé par Leon Chaitow et Simon Martin dans le livre Vaincre la candidose) est particulièrement efficace.

C'est un acide gras naturellement présent dans la noix de coco ou le lait maternel. L'huile de noix de coco est d'ailleurs un remède de choix pour accompagner la lutte contre le candida albican et tout type d'infection fongique, mais elle ne suffit pas à elle seule.

L'acide caprylique doit être pris sous forme de capsules gastro-résistantes pour parvenir jusqu'aux intestins, et être absorbé par le bas des intestins. S'il est pris sous forme liquide, il sera absorbé par le haut des intestins et sera donc moins efficace.

L'acide caprylique a la même forme que les acides gras produits par la flore intestinale saine, et qui sont un facteur majeur de contrôle du Candida par l'organisme.

Il est d'ailleurs recommandé à la place d'antifongiques médicamenteux comme la Nystatine, qui est produite à partir de levures.

Des recherches menées à l'Université de Médecine de Washington montrent d'ailleurs que lorsque le traitement de Nystatine est stoppé, il y a encore plus de colonies de Candida en développement qu'auparavant.

L'acide caprylique n'entraîne pas ce genre d'effet rebond lorsqu'on arrête le traitement.

Plusieurs études scientifiques ont démontré que son action anti-candida au niveau de l'intestin n'affecte pas la croissance de la flore intestinale normale. C'est actuellement le meilleur supplément nutritionnel contre les candidas.

On retrouve l'acide caprylique dans plusieurs compléments alimentaires comme Cand-plex ou encore Candi'clean dont la formule naturelle est particulièrement intéressante puisqu'elle contient, outre l'acide caprylique à hauteur de 532 mg, de l'Organum vulgare (Origan), du Propolis, du Lapacho, de l'extrait de Citrus Paradisii (pépin de pamplemousse) du Carica papaya, de la Bromelaïne, du stéréate de magnésium et du béta-carotène.

- L'Ail frais en capsules gastro résistante également (type Bakanasan), est très efficace contre les levures en général, et les bactéries pathogènes. Il favorise aussi la neutralisation et l'élimination des toxines et permet d'éliminer les biofilms.

- La Berbérine a aussi des propriétés antifongiques et antibactériennes à large spectre. Elle a également un effet anti-inflammatoire. L'action de la berbérine contre le Candida est plus puissante que la plupart des antifongiques naturels. On trouve cette substance dans les extraits d'Epine-vinette.

Les études « Antimicotic activity of Berberine Sulfate »,

1982 et «Berberine sulfate : antimicrobial activity, bioassay and mode of action », 1969, ont montré que la berbérine désactivait non seulement le Candida-albicans, mais aussi dix autres espèces de levures.

La berbérine empêche le surdéveloppement du Candida notamment après la prise d'antibiotiques, et favorise le repeuplement des intestins par des bactéries "amies". Elle renforce aussi le système immunitaire et s'attaque en même temps directement aux bactéries, virus, protozoaires et autres levures.

- La propolis possède une action anti-fongique, anti-bactérienne et anti-virale. Active sur le Candida albicans, elle aide à la réparation des tissus. Elle peut être prise pure, en goutte.

- Le Curcuma possède de très nombreuses propriétés, parmi lesquelles la lutte efficace contre le Candida albican. Il favorise aussi l'accroissement de la population des bonnes bactéries et levures qui luttent contre le candida.

Il peut être pris sous forme de poudre pure. Pas besoin de poivre ou de formules complexes et onéreuses qui ne servent que si l'on veut obtenir les propriétés anti-inflammatoires du curcuma.

Ici on recherche simplement ses propriétés sur le système digestif. Préférez cependant le Curcuma pur et bio, à prendre dans un verre d'eau tiède agrémenté d'un filet d'huile pour faciliter son absorption.

Si le curcuma vous provoque des troubles digestifs, c'est qu'il agit !

Diminuer les doses ou attendez d'avoir avancé dans votre traitement pour pouvoir en reprendre.

Par ailleurs, la survenue de diarrhées lors de traitements visant à la purification de vos intestins ne doit pas vous inquiéter outre mesure. C'est une réaction normale de l'organisme qui évacue tous les « indésirables » de votre corps, car l'élimination massive des champignons peut déclencher la réaction "d'Herxheimer", causée par la libération des toxines et déchets lors de la destruction du candida.

Ces diarrhées d'évacuation ne doivent cependant pas être douloureuses, ni trop importantes ou fréquentes.

Voici maintenant la liste des compléments alimentaire de « réparation » des dommages causés à l'intestin par la candidose. Ceux-ci peuvent également être valables pour le SII :

- La L-Glutamine est acide aminé. C'est le premier nutriment pour les cellules de l'intestin, il réduit la perméabilité intestinale. À hauteur de 1000mg par jour.

- Les Fructo-oligosaccharides aident à la recolonisation des bonnes bactéries et à la cicatrisation de la muqueuse. On en trouve dans les artichauds, les asperges ou la banane (entre autre).

- L'Acide butyrique favorise la cicatrisation de la muqueuse. On en trouve dans l'huile d'olive par exemple.

- Le N-Acetyl-Glucosamine est un sucre aminé essentiel pour la reconstruction des tissus.

Bien d'autres compléments alimentaires peuvent également aider votre organisme à se remettre et se renforcer. Mais dans tous les cas, les compléments vitaminiques ne doivent pas être extraits de levures. Uniquement d'origine naturelle.

Attention aux pièges marketing et aux dénominations trompeuses du style « organique » ou autre. Car la différence fondamentale entre les vitamines d'origine naturelle et celles synthétiques, c'est que les unes sont efficaces et les autres totalement inutile, voire dangereuse.

La prise de probiotiques, conçus à partir des bonnes bactéries naturelles, peut également s'avérer très utile dans la lutte contre la candidose, et d'une manière plus générale dans le maintien d'un équilibre sain de l'intestin.

Parmi ceux-ci, le Lactobacillus Acidophilus, le Lactobacillus Casei, le Lactobacillus Bulgaricum et le Bifidobacterium.

Ils recolonisent la flore intestinale et sont capable de ralentir le développement des cultures de Candida Albicans.

LE SYNDROME DE L'INTESTIN IRRITABLE (SII)

Syndrome de l'intestin irritable, un fléau grandissant.

Son nom ressemble à celui d'une une maladie rare. Pourtant, le SII touche bien plus de monde qu'on ne le pense. Et pour cause, moins de 20 % de ceux qui en souffrent, osent en parler à un médecin. On se confie parfois à son entourage, pour constater que ceux-ci sont également touchés à des degrés divers. Du coup, tout le monde attribue cela à de simples excès alimentaire, contre lesquels il existe toute une panoplie (de plus en plus fournie d'ailleurs) de médicaments de « confort digestif » en vente libre dans n'importe quelle pharmacie.

Mais les troubles reviennent, de plus en plus fréquents, de plus en plus violent, jusqu'à devenir un problème récurent et quasi quotidien.

Ces troubles intestinaux seraient même l'une des principales causes d'absentéisme au travail.

La médecine conventionnelle s'intéresse plus aux symptômes qu'aux causes de ce SII. Appliquant ainsi toujours la bonne vieille méthode qui les enrichis depuis des décennies : 1 symptôme = 1 médicament.

L'allopathie n'apporte aucune solution réelle, tout juste des médicaments de « confort », facilitant la vie tout en aggravant le problème.

Pourtant récemment, des nutritionnistes et des naturopathes se sont penchés sérieusement sur le SII, et d'autres moyens d'actions sur ce déséquilibre digestif ont été découverts.

Et, bien que cela soit pressenti depuis longtemps, il

s'avère aujourd'hui officiellement que l'alimentation tient le rôle principal dans ce dysfonctionnement intestinal. Elle en est même à l'origine, bien que certaine personne y soient moins sensible que d'autre, mais il s'agit là plus de patrimoine génétique individuel que d'une réelle immunité.

Et maintenant que « l'ennemi » est clairement identifié il est possible de cerner plus précisément les aliments impliqués, en plus des produits dits « fermentescibles », dont il était déjà établi qu'ils soient l'une des sources majeure du problème. Mais la divergence des avis et leur manque de précision ou de méthode, conduisaient au final, patients et médecins dans une impasse.

Ainsi démuni, le généraliste vous conseil alors simplement de manger mieux, moins gras et moins sucré.

Mais manger quoi exactement, puisqu'en fait tout le problème est justement là.

Sans parler de ceux qui, pour ne pas avouer leur impuissance, concluront en vous affirmant que c'est simplement lié au stress, et donc, dans la tête.

Et même si vous avez la chance que votre généraliste s'intéresse à ce que vous mangez, il pourra seulement vous conseiller une alimentation saine, mais pas l'alimentation adaptée.

En fait la médecine conventionnelle pédale littéralement dans la semoule, et ne semble pas vraiment enclin à s'occuper sérieusement d'un mal récurent qui lui garantis un remplissage permanent de ses salles d'attente, car d'après les dernières études réalisées sur ce phénomène, il semble qu'une personne sur cinq soit effectivement touchée par ce syndrome.

Ce dernier est apparu vers la fin des années 90 pour prendre subitement une réelle ampleur dès le début des années 2000. Ce qui a focalisé l'attention des nutritionnistes. Et c'est heureux pour nous.

Parmi ceux-ci, l'Australienne Sue Sheppard, dont les premières observations remontent aux environs de 2004.

Des scientifiques ont ensuite pris le relais et, après quelques années de recherches, ont fini pour identifier les nombreux aliments à l'origine du SII.

De ces travaux découle aujourd'hui une approche alimentaire spécifique, dont l'efficacité a été validée dans une écrasante majorité de cas.

Mais la multitude de symptômes, qui de plus diffèrent d'un individu à l'autre, ne facilite pas le diagnostic, même à un stade avancé.

De récentes études estiment que le SII représente 30 à 50% des consultations chez le gastro-entérologue.

Cependant, les experts en nutrition sont plus précis et estiment qu'une personne sur cinq souffre de troubles digestifs fonctionnels (maux de ventre, diarrhées, constipation chroniques...) sans avoir reçu un diagnostic de SII.

Ainsi, et bien qu'il ne s'agisse pas officiellement d'une maladie identifiée et reconnue comme telle, le syndrome de l'intestin irritable dégrade bel et bien la vie de nombreuses personnes.

Sans compter qu'il favorise aussi l'apparition ou l'aggravation de très nombreuses maladies, comme la fibromyalgie par exemple, et peut également plonger ceux qui en sont le plus sévèrement touché dans un état dépressif préoccupant et permanent.

Il ressort également de ces études, que les personnes trop nerveuses ou neurotoniques sont plus sensibles au SII.

En règle générale, les premiers signes apparaissent soudains, puis s'installent graduellement. Il s'agit en général de gaz, ballonnements et douleurs au ventre répétés. Viennent ensuite de violentes diarrhées ou encore des épisodes de constipation, et parfois même l'alternance des deux. Et ces symptômes touchent de plus en plus d'individus, de tout âge.

La fréquence et l'intensité de ces malaises est variable, du moins au début, car le SII s'installe de manière progressive dans l'organisme. Celui-ci peut rester « endormi » pendant quelques temps, puis se réveiller soudain, avec une brutale intensité. Mais au final, une fois le SII bien installé dans votre corps, il vous faudra supporter ce syndrome au quotidien, toute votre vie.

Et la médecine conventionnelle est totalement démunie face à ces signes cliniques hors-normes.

Le SII n'est pas une maladie au sens propre, il s'agit d'un mal extrêmement complexe, ou plus précisément un véritable fléau qui ne cesse de se propager et face auquel nous sommes tous vulnérable, sans exception.

Mais la médecine conventionnelle nous rassure en affirmant que, médicalement parlant, il n'y a pas lieu de s'inquiéter d'un SII. Ce syndrome, en lui-même, ne présenterait pas de réel danger.

Il ne provoque pas d'inflammation grave des muqueuses, ni de parasite dangereux, et n'augmente pas les risques de cancers puisque les tissus et la structure de l'intestin ne seraient pas atteints.

Mais le SII est-il vraiment si « inoffensif » que ça ? Rien n'est moins sûr ...

Le SII n'a pas de causes précises connues sur lesquelles agir. Et jusqu'à présent, toutes les pistes explorées n'ont pas été suffisamment concluante pour permettre un diagnostic précis et fiable. Il ne reste donc que de simples hypothèses, souvent fausses.

Comme le facteur « stress », par exemple, qui ne serait finalement pas une cause, comme les scientifiques l'on d'abord cru, mais simplement un facteur aggravant.

Quant au facteur alimentaire, celui-ci reste encore, et peut-être volontairement, une zone d'ombre pour la médecine allopathique, dont la réponse au problème reste systématiquement invariable : un symptôme = un médicament

Mais dans la mesure où ces symptômes sont incroyablement variés, le médecin puise au hasard dans les antispasmodiques, les anti-nauséeux, anti-diarrhéiques, les laxatifs, les antibiotiques et, en désespoir de cause, recourt même aux antidépresseurs.

Vont alors commencer de plus graves problèmes pour le patient, car les effets indésirables prononcés de ces médicaments « de confort » n'arrangent pas la situation, bien au contraire !

Les ballonnements redoublent, la flore intestinale, de plus

en plus irritée, ne s'en remet pas, l'intestin perd de sa motilité, le côlon s'enflamme et ne sait plus fonctionner seul (c'est le cas dans « la maladie des laxatifs »), le système immunitaire s'affaisse, sans parler des risques d'arrêt cardiaque.

(Cf. l'affaire du Motilium suspecté d'être à l'origine de centaines de décès).

Ainsi donc, si le SII n'est pas dangereux en lui-même, son traitement inapproprié peut en revanche avoir de grave conséquence sur la santé du malade, jusqu'à s'avérer mortel dans certains cas.

Pourtant, aujourd'hui, de vraies solutions existent et elles sont sans danger.

Mais attention, je ne parle que de « solutions » pour « réduire la maladie au silence » et pouvoir vivre avec, sans en subir les effets au quotidien. En aucun cas il ne s'agit de guérison complète, car dans le cas du SII, c'est impossible.

De nombreuses thérapies naturelles peuvent apporter un soulagement et éviter le recours systématique à ces médicaments aux effets pernicieux.

Certaines permettent de faire face à l'urgence, et d'autres constituent un traitement de fond.

Pour les spasmes, les remèdes homéopathiques donnent parfois de très bons résultats : Colocynthis, Cuprum Metallicum associé à belladonna et Raphanus ou China Complexe n°107. Le mieux est de consulter un homéopathe, afin qu'il détermine le traitement et le dosage qui vous convient le mieux.

Attention cependant, car si la douleur est trop importante lors des selles, il ne faut pas hésiter à utiliser du spasfon-lyoc, uniquement sous cette forme pour sa rapidité d'action. En effet, les douleurs gastriques peuvent parfois être si intenses qu'elles provoquent un malaise vagal, avec les conséquences que cela peut avoir.

L'huile essentielle de menthe poivrée a montré une efficacité antispasmodique comparable au Dicetel (un classique de l'allopathie), et sa capacité à soulager les symptômes du SII est reconnue par la Commission européenne. Mais prenez bien soin de respecter les recommandations d'utilisation, comme avec toute huile essentielle.

Pour réguler le transit, la myrtille est très efficace en cas de diarrhées, elle resserre les tissus et enraye rapidement l'emballement intestinal.

Le charbon actif régule également le transit, tout en assainissant le conduit intestinal.

L'argile verte apaise les petites inflammations et minéralise les tissus.

La Propolis et l'extrait de pépin de Pamplemousse renforcent et purifient la flore intestinale et l'estomac.

Certains probiotiques calment et soutiennent l'intestin tout en diminuant les épisodes douloureux, les ballonnements et les flatulences.

Les plus efficaces seraient :

Lactobacillus rhamnosus GG, Lactobacillus plantarum, Bifidobacterium infantis, Streptococcus faecium, Streptococcus thremophilus, Saccharomyces boulardii.

Mais une fois de plus, la vraie solution demeure alimentaire !

Il faut impérativement changer son mode d'alimentation, ce qui est toujours plus facile à dire qu'à faire, surtout sur le long terme.

D'autant que l'identification des aliments responsable ressemble plus à un casse-tête chinois qu'à une ciné-cure.

Heureusement que la nutritionniste Australienne dénommée Sue Shepperd s'est intéressée de près au problème, et a fini par identifier de manière assez précise, les familles d'aliments impliqués dans la survenue du SII.

En effet, s'il s'avère que les aliments impliqués ne sont pas les mêmes pour tout le monde, la majorité d'entre eux contiennent tous des glucides.

Ou plus exactement des glucides fermentiscibles, regroupés par la nutritionniste Australienne sous l'acronyme « FODMAPs », signifiant :

Fermentable Oligosaccharides Disaccharides Monosaccharide And Polyols.

Bref, tous les aliments contenant des sucres rapides raffinés, y compris le lait et ses dérivés, puisque le lactose est le « sucre » du lait.

Ces sucres à chaîne courte sont difficilement digestibles

et parviennent donc dans l'intestin quasiment intact, où ils se mettent à pourrir.

Les bactéries-hôtes s'en nourrissent, les fragmentent et les fermentent, ce qui entraîne une distension du côlon et la production de gaz, premier symptôme du SII, viennent ensuite les ballonnements, etc...

Chez certaines personnes les intestins sont irrités par la plupart de ces sucres, chez d'autres par une partie seulement, voire un seul sucre.

Et le degré d'irritabilité dépend des doses. C'est ce qui explique la variabilité des symptômes et de l'intensité du SII.

On suppose également que les bactéries de la flore intestinale seraient plus actives chez certaines personnes, ou qu'une hypersensibilité de l'intestin serait en cause.

Ces hypothèses laissent entrevoir un autre problème plus profond. Il semble qu'en cas de SII, le cerveau n'interprète plus de la même façon les signaux que lui envoient les cellules intestinales.

La médecine traditionnelle chinoise assimile le côlon à un « grand épurateur », chargé d'évacuer ce que nous avons absorbé ainsi que ce que nous n'avons pas assimilé, qu'il s'agisse d'aliments ou d'émotions.

Le SII ne serait donc qu'une panne du « grand épurateur ».

De plus, de nombreuses études scientifiques indiquent que l'irritation intestinale impacte sur le stress émotionnel, et vice-versa.

En clair, plus vos intestins sont malades, plus votre stress augmente. Et plus votre stress augmente, plus vos intestins sont malades. C'est un cercle vicieux infernal.

C'est études finiront peut-être un jour par déboucher sur une solution globale efficace, mais en attendant les personnes qui souffres de ce syndrome ont besoin d'un soulagement efficace, à défaut d'être rapide.

Car la seule solution actuelle commence par un long et fastidieux parcours du combattant, visant à identifier à quelles « FODMAPs » vous êtes sensible.

Car c'est une vraie farandole de sucres, qui se dissimule dans notre alimentation. Exception faite des viandes, des œufs, et des fruits secs comme les noix. (mis à part les noix de cajou ou les pistaches.)

Certains aliments sont cependant clairement identifiés, comme l'oignon, impliqué dans 99% des cas de SII, la pomme, la poire, le blé, l'orge, ou encore le seigle.

La plupart de ces aliments sont malheureusement des basiques de notre alimentation. C'est certainement la raison pour laquelle le SII se répand comme une traînée de poudre.

Pourtant ce syndrome n'existait pas auparavant, alors que notre alimentation était pourtant quasi-identique, surtout depuis les années 60.

Les premiers cas de SII ne sont apparus qu'à la fin des années 90, début 2000, et leur multiplication concorde aussi curieusement avec l'accroissement et la généralisation de la nourriture industrielle et des OGM. (comme pour la candidose)

J'ai cependant beaucoup de mal à croire que personne n'ai pensé à établir un tel parallèle. À moins que, comme d'habitude, « tout le monde » ne sache depuis belle lurette et ne ferme les yeux afin de continuer paisiblement à accumuler de colossaux profits au détriment de l'intérêt général.

Comme pour la totalité des nombreux scandales sanitaires ayant ébranlés le monde ces 20 dernières années, et au sujet desquels tous les rapports alarmants avaient été « enterrés », pour ne remonter bizarrement à la surface que lorsqu'on avait fini de compter les morts.

Et quand je dis « tout le monde » ce n'est évidemment pas des individus lambda, comme vous et moi, dont je veux parler.

Mais fermons à nouveau une parenthèse dont l'analyse complète remplirait plusieurs encyclopédies, et concentrons-nous simplement sur le meilleur moyen de remédier à ce syndrome, ou devrais-je en fait plutôt dire le seul moyen, dans la mesure où la méthode mise au point par Sue Shepperd est effectivement la seule qui existe à l'heure actuelle dans le monde.

Cette méthode s'applique en deux temps :

1 - La diète d'élimination, qui consiste d'abord à établir un régime éliminant, autant que faire se peut, tous les « FODMAPs » pendant un laps de temps donné, nécessaire au retour de l'équilibre intestinal. La méthode de Sue Shepperd indique environ 8 semaines, mais un retour à la normale peut se faire sentir beaucoup plus vite. Et plus la diète d'élimination sera drastique, plus elle sera efficace rapidement.

2 - La diète personnalisée, qui consiste à réintroduire

dans son alimentation d'autres aliments, les uns après les autres en observant à chaque fois un délai minimum de 3 jours avant de réintroduire un aliment supplémentaire, ceci afin de pouvoir identifier avec précision les mauvais aliment spécifiques à chacun.

En règle générale, si après trois jours de consommation d'un nouvel aliment celui-ci n'a pas provoqué de mauvaise réaction, alors on peut considérer qu'il n'est pas en cause dans le déclenchement du SII.

Chez certaines personnes, l'identification peut être rapide et simple, mais pour d'autres cela peut s'avérer beaucoup plus long et complexe, et nécessiter parfois l'aide d'un nutritionniste.

Une fois cette alimentation « sur-mesure » définie, il faut impérativement s'y tenir sans trop faire d'écarts.

C'est une véritable discipline de fer qu'il faut mettre en place, mais cette méthode reste la seule solution pour apporter rapidement une très nette amélioration, visible dès les premiers jours, et un réel mieux-être face au SII.

Dans tous les cas, cela reste « moins pire » que de souffrir quotidiennement, pendant toute sa vie. Sans évoquer les risques accrus de maladies graves et parfois mortelles que peut engendrer un SII non maîtrisé.

- Petit conseil concernant la diète d'élimination :

Vous pouvez, dans les premiers jours par exemple, limiter votre alimentation à 4 ou 5 aliments dont vous êtes certains qu'ils sont bien tolérés par vos intestins.

En procédant ainsi, une très nette amélioration doit se faire sentir dès le troisième jour de diète. Et cette amélioration doit aller crescendo.

Si ce n'est pas le cas, c'est que vous n'avez pas clairement identifié les aliments responsables.

Pour ma part, lorsque j'ai commencé cette diète d'élimination, j'ai changé non seulement le contenu, mais également mon mode d'alimentation.

Le menu était simple :

- Viande rouge ou blanche, le moins grasse possible.

(surtout éviter le steak haché, même le 5 % du rayon frais.)

- Poisson blanc

- Riz

- Pain (baguette)

- Chocolat noir 70 % (avec modération)

- boisson unique : de l'eau minérale ou de source

(surtout pas d'eau du robinet)

Le matin j'ai remplacé mon traditionnel café tartines beurrées par un bifteck saignant et deux grands verres d'eau. Au début ça surprend un peu, surtout mon entourage, mais ensuite on s'y habitue très bien, et je peux vous garantir que question « patate matinale », y a pas mieux qu'un bon steak saignant.

(que les végétariens ne m'en veuille pas trop)

Le reste de mes repas quotidiens était un mix de la liste ci-dessus, au grès de mes envies. Riz poisson, riz bifteck ou riz poulet, tout un programme.

Le chocolat noir c'était « le dessert », la cerise sur le

gâteau de riz.

Croyez-moi, on s'habitue très bien et très vite à ce type de changement alimentaire, si bien qu'ensuite on a même du mal à changer et qu'il m'a fallu plus de temps pour me réhabituer à reprendre du café et des tartines au petit déjeuner.

Mais le plus important c'est qu'en à peine 3 jours de ce régime draconien, je me sentais incroyablement mieux dans mon corps, et surtout dans mes intestins.

Peu à peu, mais plus rapidement que ce que je pensais, je reprenais le contrôle de mon système digestif.

J'ai suivi cette diète de façon stricte pendant environ un mois, avant de commencer à réintroduire d'autres aliments.

Alors si aujourd'hui je me permets de vous conseiller cette méthode c'est en parfaite connaissance de cause, et parce que je sais que cela fonctionne réellement, que c'est sans danger ni effets secondaires pernicieux, et d'une efficacité qui risque de vous surprendre également.

Vaincre le SII est avant tout une question de volonté, une véritable compétition contre la maladie et vos propres envies, et dont la récompense, si durement obtenue, ne sera malheureusement jamais totalement acquise.

LA MALADIE COELIAQUE (Intolérance au gluten)

La maladie cœliaque, ou intolérance au gluten, est en passe de devenir l'une des maladies digestives les plus fréquentes.
Sa connaissance a beaucoup progressé durant ces vingt dernières années mais le seul traitement connu reste la suppression totale du gluten de l'alimentation.

La MC (Maladie Cœliaque) est une intolérance permanente à une ou plusieurs fractions protéiques du gluten. Elle provoque la destruction des villosités de l'intestin grêle (atrophie villositaire). Ce qui provoque une malabsorption des nutriments (en particulier le fer, le calcium et l'acide folique), et l'intrusion de protéines dangereuses à l'intérieur de l'organisme, où elles se propagent à travers le flux sanguin.

Le gluten est une protéine spécifique aux céréales et donc contenue dans toutes celles-ci, sans exception.

Le gluten est composé de gliadine et de gluténines. Elles sont la source de la MC, et autres intolérances pernicieuses.

La gliadine du gluten contiendrait la majeure partie des composants toxiques.

Le blé, l'épeautre et le kamut contiennent chacun 69 % d'alpha gliadine.

Seigle, orge, maïs et sorgho contiennent aussi environ 50 % de protéines pathogène sous l'appellation de sécaline, hordénine, zénine ou cafirine.

Pour le millet on descend à 40 % de panicine, l'avoine 30 % d'avenine.

Le Teff et le Fonio en contiennent seulement 10 % de prolamine (ensemble de protéines contenant du gluten).

Attention également au triticale, un obscur hybride du blé et du seigle dont la première tentative de croisement remonte à 1876, par A.S Wilson.

Malgré son ancienneté, cette variété transgénique de céréale n'a pu obtenir son inscription au catalogue officiel des variétés qu'en 1983.

Curieusement, son impact sur le déclenchement de la maladie cœliaque n'a fait l'objet d'aucune étude, alors que cette variété de céréale nouvelle est de plus en plus utilisée, notamment pour son potentiel de productivité élevé qui peut atteindre les 100 quintaux par hectares, mais également pour sa résistance au froid et aux maladies. La France en produit plus d'1 milliard 833 millions de tonnes par an. (chiffre de l'année 2010)

Il faut savoir que plus le pourcentage de prolamine des céréales est faible, moins celles-ci lèvent à la cuisson. Ce qui explique pourquoi l'industrie agro-alimentaire a augmenté artificiellement la quantité de gluten dans les céréales, sans parler des autres avantages concernant le goût, comme je l'indique en introduction de ce livre.

Le quinoa, l'amarante et le sarrasin ne contiennent pas de gluten, et conviennent donc parfaitement au régime alimentaire de ceux qui souffrent de maladie cœliaque.

Pourtant, la présence de gluten dans notre alimentation ne date pas d'hier, alors comment se fait-il qu'il soit soudain devenu l'un de nos pires ennemis depuis ces vingt dernières années.

Cela découle des deux combinaisons suivantes :

- Tout d'abord, la modification génétique du blé par l'industrie agro-alimentaire pour augmenter sa teneur en gluten.

Il faut savoir que le blé originel était diploïde, c'est-à-dire qu'il ne contenait que 2 jeux de chromosomes, soit seulement 14 chromosomes au total.

Mais, suite aux multitudes de mutation que l'action humaine lui a faite subir pour obtenir blé dur, tendre, ou froment, celui-ci est devenu tetraploïde ou héxaploïde, et possède maintenant respectivement 28 et 42 chromosomes.

Hors, nos enzymes digestives ne reconnaissent pas ces nouvelles céréales mutées (le maïs, l'orge, le seigle, l'avoine et le millet ont subi les mêmes mutations) et ainsi notre système digestif est incapable de les assimiler correctement.

Seul le riz n'a pas subi de mutation, il est resté identique depuis son origine, ce qui explique que les personnes atteinte de MC puissent consommer du riz sans problème, bien que ce soit aussi une céréale.

- La seconde raison résulte simplement du fait que ces

mêmes industries utilisent le gluten dans une multitude de préparations qui n'en contenaient pas avant, et ceci pour les propriétés agglomérantes de celui-ci, qui est une véritable colle alimentaire. Son nom provient d'ailleurs du latin glutinum qui signifie colle.

Ainsi, il y a maintenant du gluten presque partout, dissimulé au sein de l'ensemble de notre alimentation moderne, sous une multitude d'appellations différentes, et au sujet desquelles les industriels ne sont jamais à court d'imagination pour désinformer le consommateur.

La MC provoque une malabsorption de certains aliments (vitamines, minéraux ...) et donc des carences alimentaires.

Les personnes atteintes doivent suivre un régime alimentaire sans gluten extrêmement strict, pour le reste de leur vie.

Il n'existe aujourd'hui aucun traitement médical contre cette maladie.

Les facteurs génétiques, environnementaux et infectieux de prédisposition au déclenchement de la phase active de la MC ne sont pas encore clairement identifiés.

Il est toutefois établi que l'introduction précoce du gluten, sous forme de farines, dans le régime alimentaire du nourrisson soit l'une des causes.

À contrario, l'allaitement maternel est très protecteur de l'organisme de l'enfant, qui aura moins de chance de développer une MC avant l'âge adulte.

Car malheureusement, la maladie cœliaque devient une

fatalité pour de plus en plus de monde, puisqu'il s'agit en fait bel et bien d'une maladie alimentaire pouvant se déclencher à tous les âges.

Et les allégations propagées par les autorités sanitaire, au sujet d'une quelconque prédisposition génétique, ne sont ni plus ni moins que des mensonges supplémentaire visant à cacher la réalité au public, pour des raisons purement financières. (encore une fois !)

Pour vous expliquer comment l'on manipule l'opinion, il faut bien comprendre qu'en fait une prédisposition génétique s'applique à absolument tous les individus. Il y en a qui attrape plus facilement un rhume que d'autres, ou bien une crise de foie, ou encore des ampoules au pied.

Le terme pompeux de « prédisposition génétique » signifie simplement : plus de facilité à …

Ainsi, signaler que certaines personnes ont plus de facilité à attraper quelque chose ne constitue en fait que souligner une évidence naturelle.

Mais cela ne signifie en aucun cas que les autres en sont immunisés, car tout le monde attrape un rhume au moins une fois dans sa vie, ou des ampoules, ou une indigestion.

Et c'est là que se trouve toute l'astuce de ces deux mots ronflants, « prédisposition génétique », qui laissent faussement sous-entendre à l'ensemble de la population que la maladie ne peut atteindre qu'une catégorie de personne bien précise. Mais c'est loin d'être le cas, bien au contraire.

En effet, notre alimentation moderne, de plus en plus riche en nouvelles macromolécules, ne convient pas à notre organisme car nos enzymes et mucines (protéine fortement glycosylée entrant dans la composition de la salive ou du mucus) n'y sont pas adaptées.

En fait, lorsque nous ingérons cette nouvelle alimentation industrielle, nous empoisonnons tout simplement notre organisme, à tout petit feu, mais aussi sûrement qu'en ingérant de l'arsenic.

Car même consommé en toutes petites quantités ou de manière occasionnelle, le gluten provoque des lésions de l'intestin.

De plus, les industries agro-alimentaires continuent à modifier de façon exagéré et totalement irresponsable l'ensemble de leur production, qui devient par conséquent de plus en plus toxique pour notre organisme.

À un tel rythme, il faut s'attendre à de très graves conséquences sur la santé humaine, ainsi qu'à une multiplication exponentielle des cas de maladies déjà connues liées à l'alimentation, mais aussi à l'arrivée de nombreuses autres.

À noter que parmi les autres facteurs de déclenchement de la maladie cœliaque, les médicaments à visée digestive occupent également une place de choix.

Il faut également savoir que les personnes capables d'ingérer du gluten sans conséquences pathologique seront de plus en plus rare.

Par ailleurs, bon nombre sont déjà atteints sans le savoir car ils ne font pas le lien entre leurs symptômes et la consommation de gluten.

Le plus grave, c'est que le gluten est depuis longtemps identifié comme un puissant allergène/antigène. Mais encore une fois, aucune mesure n'est prise par les autorités sanitaires pour enrayer un phénomène en passe de devenir une véritable pandémie alimentaire.

À l'origine, le pain était un aliment sain, ne contenant aucune graisse, mais riche en fibres, en magnésium et en vitamines B1 et B6. Toutes ces qualités qui ont fait de lui la base idéale de l'alimentation humaine.

Comment a-t-il été possible de le dénaturer à ce point, jusqu'à en faire l'un des pires ennemis de notre santé.

À tel point qu'aujourd'hui, le nombre de personnes souffrant de maladies et troubles divers lorsqu'elle consomme cet aliment quasi-religieux de notre civilisation est en augmentation constante.

Car en tant qu'allergène/antigène, ce gluten mutant déclenche une réaction immunitaire de l'organisme.

Et, du fait de l'apport quotidien de gluten dans l'organisme, cela débouche sur une réaction inflammatoire chronique avec atteinte des tissus intestinaux. Ces lésions progressent de plus en plus, jusqu'à la destruction complète des villosités intestinales.

Ainsi, plus on mange industriel et plus nos villosités intestinales deviennent défectueuses et donc, par ricochet, on peut de moins en moins absorber et digérer les aliments. Et cette détérioration constante de la paroi intestinale débouche sur une hyper-perméabilité de celle-ci.

C'est alors un véritable empoisonnement chronique qui s'installe. En effet, les protéines ou peptides, issues du pain et non complètement dégradé par nos enzymes, franchissent alors la paroi intestinale endommagée et se retrouvent dans le système sanguin.

Ces peptides deviennent alors des peptides opiacés qui vont agir comme de la morphine et venir se fixer sur certains récepteurs biochimiques, qu'elles vont occuper et saturer, provoquant ainsi des dérèglements du comportement et le développement de maladies dégénératives de l'organisme, mais également du système nerveux central, car l'accumulation des opioïdes du gluten inhibe le système nerveux et provoque un dysfonctionnement progressif.

Les troubles biochimique qui s'installent alors sont à l'origine d'une panoplie de désordres physique et psychiques, qualifiés à tort de psychosomatiques ou gastriques.

De plus, si le sujet atteint présente une altération de la barrière hémato-encéphalique, les glutamorphines générées par le gluten peuvent également traverser cette membrane et favoriser le développement de troubles mentaux et comportementaux.

Attention également aux vaccins, car les virus qu'ils contiennent peuvent circuler dans le sang et se loger dans différentes zones cérébrales où, en association avec les glutamorphines ils peuvent donner lieu à des encéphalites, des arrêts du langage (chez les enfants surtout), et bien d'autre troubles non encore reliés.

Par ailleurs, les micro-organismes comme les candidas albicans peuvent s'installer rapidement dans toutes les muqueuses de l'organisme, et en particulier celles de l'intestin. Ils contribuent ainsi à la formation d'une sorte de paroi qui empêche également l'absorption normale des aliments, et en particulier du pain.

Ainsi la boucle est bouclée, l'intolérance au gluten permet la prolifération excessive du candida, lequel augmente à son tour l'intolérance au gluten.

À signaler également les études du professeur Karl Reichelt, de l'institut pédiatrique d'Oslo, en Norvège qui, en 1986 (soit une trentaine d'année), a démontré la relation entre des maladies telles que l'autisme, l'épilepsie et la schizophrénie, et le gluten.

Le professeur Reichelt a en effet démontré la présence de peptides du gluten dans les urines de tous les patients souffrant de ces troubles.

Il faut également signaler les nombreux succès obtenus par des parents d'enfants autistes qui, en supprimant le gluten de leur alimentation, les ont tout simplement guéri.

Il faut saluer leur courage car ils ont dû se battre à la fois contre la maladie de leur enfant, mais également, et c'est bien dommage, contre un dogme médical extrêmement virulent envers ceux qui osent remettre en cause l'efficacité de traitements qui leur rapportent « un maximum de fric ».

Voici une liste, malheureusement non limitative, des symptômes de la maladie cœliaque :

Anémie, baisse de la mémoire, difficultés d'apprentissage et de concentration, dyslexie, manque de confiance en soi, difficulté de socialisation, dépression, troubles du sommeil, troubles sexuels, constipation, diarrhées, gaz intestinaux, maladie de Crohn, dérégulation de la température corporelle, ralentissement des mouvements péristaltiques (motilité digestive).

Il faut également préciser que le nombre, la variété et l'intensité des symptômes peuvent varier d'une personne à l'autre. Exactement comme pour le SII ou la Candidose.

Mais, contrairement aux deux autres maladies, il n'existe aucun traitement ni complémentation alimentaire capable de vous aider dans votre lutte contre la maladie cœliaque. Seule l'éradication totale et définitive du gluten de votre alimentation vous permettra de guérir.

CONCLUSIONS

Ces « maladies de civilisation » ont une origine et un mode d'action quasi-similaire. Toutes découlent directement de notre alimentation, et toutes provoquent un nombre effarant de symptômes divers et variés. Au début de leur développement dans l'organisme, il faut également constater qu'aucun individu n'y réagit de la même manière, ou avec la même intensité. Mais l'évolution dégénérative de ces maladies finissent tout de même par provoqués une série de symptômes similaires, qui permettent de supposer que l'on soit atteinte de l'une ou de l'autre.

Par ailleurs, ces maladies interagissent entre elles. Celles-ci se complète, se combinent ou se déclenchent mutuellement.

Voici les trois conditions identiques du développement de ces maladies :

- Une protéine alimentaire franchit intacte, et donc active, la barrière intestinale.

- Cette protéine atteint les organes et y exerce des effets néfastes.

- La suppression de la protéine incriminée provoque l'amélioration puis la guérison ou la rémission des troubles.

Le terme protéine ne convient pas au candida albican, mais le schéma reste identique.

Pour conclure, il est également intéressant de constater que ce qui se cache derrière le nom mystérieux de « maladies de civilisation », ne sont en fait que des maladies alimentaires.

Une fois encore, on joue sur les mots pour ne surtout pas informer le public et ne pas avoir à prendre les décisions qui s'imposent, dans l'unique but de préserver les intérêts financiers faramineux d'une toute petite poignée de crapules.

Mais à mon sens, les complices sont tout aussi coupables que les instigateurs.

Derrière ces maladies alimentaires, se cachent un nombre effarant de symptômes et maladies, qui font le bonheur et la fortune de l'industrie pharmaceutique, mais aussi de bon nombre de médecins pour qui le serment d'Hippocrate ne représente qu'une simple formalité administrative.

Aujourd'hui, ce que ces hommes ont fait de la médecine est absolument misérable.

Et que dire des actes d'industriels sans scrupules ni morale qui sont parvenus à dénaturer tout ce qu'ils touchent, jusqu'à rendre mortel un aliment indispensable, le pain, offert à l'humanité par Dieu lui-même.

Certains prétendent qu'on ne peut pas changer le monde, ni stopper le progrès.

Mais lorsque ce monde, et ces progrès mettent en péril la

survie même de l'humanité, doit-on continuer à rester passif ? À se laisser mourir à petit feu sans réagir ? À accepter ce même funeste destin pour nos enfants ? Et les souffrances qui vont avec ?

Pourtant, il serait tellement simple d'agir, car seule l'action permet de changer les choses.

De tous temps, l'ensemble des progrès sociaux ont toujours découlé d'actes, et non de simples paroles. Ils sont toujours le fruit des actions héroïques de personnes, hommes et femmes, qui se sont battus pour leurs idées, pour ce qui est juste.

Comment croyez-vous avoir obtenu les vacances, puis les congés payés, la sécurité sociale, un salaire descend, etc ...

Pour comprendre le présent et pouvoir prédire l'avenir, il suffit parfois simplement de regarder le passé.

Rien ne changera si nous n'agissons pas, car nous avons oubliés que le peuple représente une force de dizaines de millions d'individus. Et nous ne sommes face qu'à une minuscule poignée, qui ne représente même pas un millième de pour cent de la population. Mais nous sommes désunis, désorganisé et beaucoup trop de rivalité ou de rancœur se sont installées entre les différentes catégories de la population. Tandis que le groupuscule qui nous opprime fait preuve d'une indéfectible union. C'est ainsi qu'ils ont pu s'approprier peu à peu l'ensemble des richesses et ainsi, grâce à leur argent, corrompre ou manipuler la plupart des hommes de valeur.

Un peuple a les dirigeants qu'il mérite, et en définitive le monde est tel que nous le faisons.

Peut-être la solution consiste-t-elle simplement à nous

montrer digne des élites dont nous rêvons, car nous somme le ciment qui les construira.

www.ingramcontent.com/pod-product-compliance
Lightning Source LLC
Chambersburg PA
CBHW070932180526
45168CB00003B/1038